故宮御貓夜遊記 ④
海馬的石階

常怡／著　　陳昊／繪

中 華 教 育

責任編輯：余雲嬌
裝幀設計：鄧佩儀　龐雅美
排　　版：鄧佩儀　龐雅美
印　　務：劉漢舉

故宮御貓夜遊記 ④

海馬的石階

常怡／著　　陳昊／繪

出版｜中華教育

香港北角英皇道 499 號北角工業大廈 1 樓 B

電話：(852) 2137 2338　傳真：(852) 2713 8202

電子郵件：info@chunghwabook.com.hk

網址：http://www.chunghwabook.com.hk

發行｜香港聯合書刊物流有限公司

香港新界荃灣德士古道 220-248 號 荃灣工業中心 16 樓

電話：（852）2150 2100　傳真：（852）2407 3062

電子郵件：info@suplogistics.com.hk

印刷｜迦南印刷有限公司

香港新界葵涌大連排道 172-180 號金龍工業中心第三期 14 樓 H 室

版次｜2021 年 6 月第 1 版第 1 次印刷

©2021 中華教育

規格｜16 開（185mm x 230mm）

ISBN｜978-988-8758-88-3

大家好！我是御貓胖桔子，故宮的主人。

我是隻膽子很大的貓，天不怕，地不怕，連人都不

怕——就怕水。

春天快要結束了。桃花的花瓣像雪片一樣地從樹上飄落下來，飄到哪裏都是一片粉紅色。

一個颳着溫熱的風的晚上，我突然冒出一個念頭：「我要開始減肥！」

自從天暖和起來以後，我的肚皮總像填不飽一樣，越吃越多。

「你都胖得像個球了。」媽媽嫌棄地說。

因為太胖，我們貓類天生的靜音超能力，從我身體裏消失了。我媽媽從屋簷上跳下來都不會有任何聲音。但換成我，哪怕是從一節台階上跳下來，也會發出「嘭」的一聲，把所有動物都嚇一跳。

媽媽說，如果我再這樣胖下去，說不定還會失去控制人類的超能力，他們會減少我的貓糧，甚至不再給我零食吃。聽說，隔壁鐘錶館的御貓棉球胖起來後就受到了這樣的對待，無論他怎麼撒嬌、瞪眼睛，人類也不再讓他吃飽。

並且告訴他，這是為了讓他「減肥」。

這實在太嚇人了！吃不飽肚子不要緊，但是失去控制人類的超能力，我還怎麼管理故宮呢？不行！在失去超能力前，我要減肥！

說做就做，但從哪兒開始着手呢？少吃東西，我肯定是不願意的。除此之外，好像只剩下一條路可以選，那就是 —— 運動。

很多人都好奇御貓會做甚麼樣的運動？沒錯，我沒有錢，不能像電視裏的人類那樣買各種奇怪的玩具來玩。但是，我能做很多有意思的運動，比如，在屋頂的瓦片上奔跑、在牆頭走平衡木、抓蝴蝶，還有各種跳躍運動⋯⋯

　　可是，因為太胖，上面這些有趣的運動，我現在一樣都做不了。所以，我能做的運動也就剩下圍着宮殿繞圈跑了。

　　我選擇了中和殿作為我繞圈的目標。它四周很空曠，沒有甚麼障礙物。宮殿也不算大，跑上一圈不至於累得半死。

於是，我用盡力氣跑了一圈。正打算跑第二圈的時候，一隻貓頭鷹飛了過來。他站在屋簷上，瞪着兩隻大眼睛看着我，好像我在表演甚麼有趣的節目。

「喂！快走開！喵。」我生氣地喊。
他像沒聽見一樣，連眼皮都不眨一下。

真是個沒禮貌的傢伙！按理說，我們御貓是不怕貓頭鷹的，但我是來減肥的，不是來打架的。而且他的嘴看起來很尖利，被啄一下肯定很疼。

我狠狠瞪了貓頭鷹幾眼，看到他不僅沒有要走的意思，還蹦跳了幾下，像是在故意氣我！好貓不跟鷹鬥，我決定換個地方運動。

　　我慢慢走到保和殿前面，這裏台階太多，不適合跑步。

　　但一看到台階，我又有了新主意——跳台階，想想就很好玩呢。

我走到御路石階前，石階上刻着美麗的浮雕。聽說，以前只有皇帝才能走。現在，我是故宮裏的主人，跳台階當然也要跳這些高級石階了。

今天是滿月，分外明亮的月光照在石階上，把上面雕刻
的龍啊、仙鶴呀、麒麟呀、海馬呀、狻猊呀……全都染成了銀色。
不光是怪獸們，就連它們身後的海浪、祥雲、高山和樹枝也都被染成
了銀色。當風吹過的時候，那海浪彷彿在滾動，樹枝也搖晃起來。

「真好看呀！」我趴在石階前，仔細看着上面的浮雕。

看了好一會兒，我才想起自己是來運動的。

嗯，現在就開始跳吧！能在這麼美麗的台階上跳躍，我的心情都好了起來。

我往後退了退，後腿一使勁，一下子就跳到了第三節台階上。

可是，當我的前爪應該穩穩落地的時候，卻撲了個空，我一下子失去了平衡。

「撲通！」一聲，我居然掉到了冷水裏。

這是怎麼回事？我的腦袋蒙了，石階上哪裏來的水？沒等我想明白，水已經沒過了我的腦袋。

啊——我不會游泳啊！我胡亂蹬着腿，身體卻一個勁兒地往下沉。

「救……救命……咕嘟……」

剛一張嘴求救，就被灌了一大口又苦又澀的海水。

完了！還減肥呢，這下連命都保不住了！我絕望地想。

就在這時，海水裏一隻巨大的怪獸向我游了過來。

天哪！我怎麼這麼倒霉，淹死就算了，還成了海怪的
美食，真不該把自己餵得這麼胖。
我閉上眼睛等死。

但等了很久，也沒有誰咬斷我的脖子。相反，我的身體慢慢浮了起來，不一會兒，我的鼻子居然可以呼吸了。

　　我睜開眼睛，不敢相信自己會得救。

　　我發現自己躺在一匹馬的背上，他正扭動着身體，打算把我甩下來。我趕緊翻身，自己跳下馬背，抖了抖身上的水。

「謝……謝謝，喵。」

我打量着身邊的恩人，他像畫上的駿馬，但全身卻披着黑亮的魚鱗。月光下，朦朧的仙氣在他身邊環繞。啊，是怪獸海馬！而他的腳下，那石階上的浮雕，居然變成了正在翻騰的海水。

「海馬大人，要不是您，明天這石階上的雕刻裏就要多一隻貓了。」我感激地說。

「在故宮裏做野貓，要小心一點兒。」海馬歎了口氣說，「你已經不是我救的第一隻野貓了。」

「真是麻煩您了。」我不好意思地說。

能上天入海，象徵着威嚴和吉祥的怪獸，偶爾救一下御貓也就罷了，還要天天從海水裏救野貓，是不太像話。

「不過，這石階怎麼變成真的海水了呢？」我好奇地問。

海馬抬起頭，望着又大又圓的月亮說：「是月光的魔法吧。」

　　說完，他扭頭就跳進了翻着海浪的海水中，連聲「再見」也沒說。石階上的海水慢慢恢復了平靜。

我深深吸了口氣，看來御道還真不是誰都能走的！

我伸了個懶腰，又冷又累。今天是沒有力氣了，運動這件事，還是改天再做吧。

胖猫子的故宫小百科

勇敢無畏的戰士

海馬

我是太和殿上排名第四位的脊獸 —— 海馬，也是勇敢無畏的海上戰士！

我和你們在海洋館裏見到的海馬不是同一種生物。我長得像馬，身上披着魚鱗，能夠通天入海，在海浪中奔跑，在陸地上作戰進攻，是古代皇帝心目中勇敢無畏的象徵。在明清兩代，九品武官的朝服上會繡上海馬的圖案，寓意武官既能指揮步兵作戰，又能領導水軍。

在故宮裏，你們要仔細觀察才能發現我的蹤跡。我很喜歡水，會在有海浪的地方出現，例如太和殿前的御路石階上雕刻着海浪的圖案，那裏是我經常去的地方。

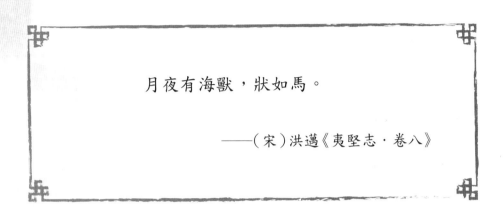

月夜有海獸，狀如馬。

——（宋）洪邁《夷堅志·卷八》

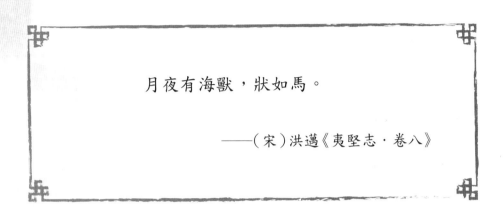

月亮高高掛在天空的晚上，海中出現了一隻怪獸，牠長得好像馬一樣。

正反都能用的鐘錶

日晷（普guǐ｜粵鬼）就是古人的時鐘，它依靠太陽的光和影來測算時間。日晷放置在故宮的重要宮殿裏，例如太和殿，表示只有皇帝才有權力規定時間。日晷的盤面均勻地分為十二個時辰，代表一天的時間，而一個時辰大約是現在的兩個小時。

每年的前半年中，太陽直射在北半球，晷針的影子投在日晷的正面。到了後半年，太陽直射在南北球，就要從日晷的背面來讀取刻度了。

（見第1頁）

傳說中的黃金屋頂

在中世紀的西方流傳着一個傳說：遙遠的東方遍地是寶藏，連屋頂也是黃金做的，這「黃金」說的就是琉璃瓦。

琉璃瓦普遍被用來做屋頂的建築材料，有黃、綠、藍、白、紫、黑等多種顏色。在明清兩代，黃色是帝王的專用色，所以故宮的屋頂多用黃色的琉璃瓦。在皇子居住的宮殿使用了綠色琉璃瓦，象徵「生長」的意思。在收藏書籍的文淵閣，使用的是「五行」中代表「水」的黑色，以起到「水能克火」的防火作用。

（見第10頁）

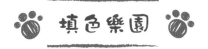

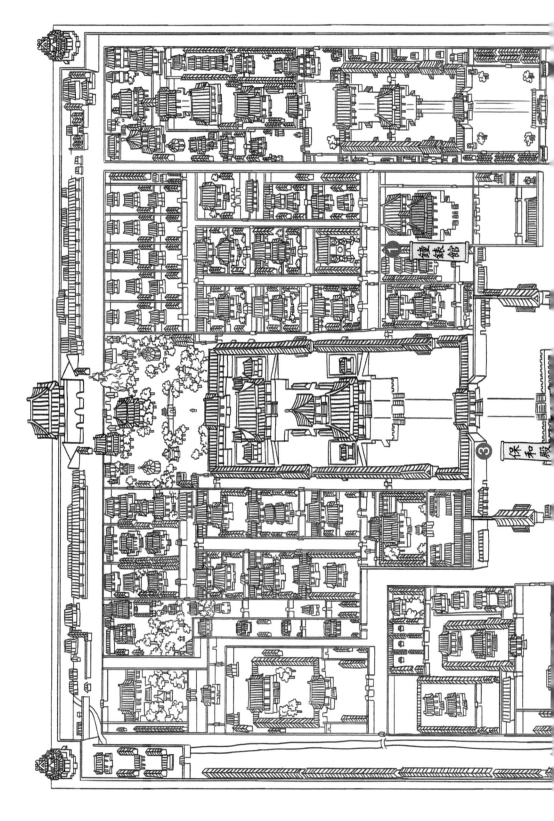

胖墩子和海馬的故宮官事尋找地圖

鐘錶館 1

保和殿 3

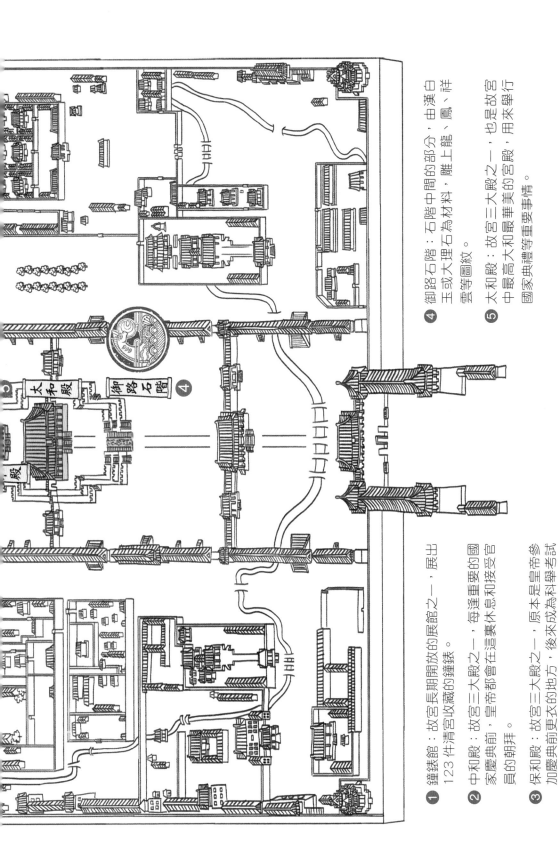

① 鐘錶館：故宮長期開放的展館之一，展出123件清宮收藏的鐘錶。

② 中和殿：故宮三大殿之一，每逢重要的國家慶典前，皇帝都會在這裏休息和接受官員的朝拜。

③ 保和殿：故宮三大殿之一，原本是皇帝參加慶典前更衣的地方，後來成為科舉考試中舉行殿試的場所。

④ 御路石階：石階中間的部分，由漢白玉或大理石為材料，雕上龍、鳳、祥雲等圖紋。

⑤ 太和殿：故宮三大殿之一，也是故宮中最高大和最華美的宮殿，用來舉行國家典禮等重要事情。

常 怡

　　怪獸海馬，可不是你們知道的海洋生物裏的小海馬，牠是相當厲害的海怪。

　　相傳，海馬的身體像駿馬卻披着魚鱗，既可以在水中奔跑，也可以在陸地上行走。所以，無論是在水裏還是陸地上，海馬都可以進攻，也可以防守。

　　在故宮裏，只要是雕刻着海水花紋的漢白玉石面，你就能在上面找到海馬。牠是皇帝們特別喜愛的海怪。所以，沒準兒你走在故宮的石階上，也會像胖桔子一樣突然掉到有海馬的海怪世界裏。

陳 昊

　　沒想到減肥這項運動不僅在人類世界流行，在貓族中也同樣存在啊！看到胖桔子下定決心減肥，卻連一天都沒堅持下來的時候，你有沒有想到你認識的甚麼人呢？

　　不過，每一次減肥的失敗都是可以找到理由的。對胖桔子來說，這次的理由就是 ── 我不怕減肥，可我怕水啊！

　　你見過渾身披着黑亮魚鱗的馬嗎？在月光的映襯下，還有美麗朦朧的仙氣縈繞在身旁。牠藏在太和殿的丹陛裏，牠就是故宮中的「智慧擔當」── 海馬。牠既能上天攬月，又能入海撈貓。我想救了胖桔子的牠一定也不希望胖桔子瘦下來，一直胖胖的也很可愛啊！